Yo Soy

Marte

REBECCA Y JAMES MCDONALD

Yo Soy Marte

Translated by The Spanish Group LLC

ISBN: 978-1-950553-11-2
Primera edición de pasta blanda de House of Lore, 2019
Visítanos en www.HouseOfLore.net

Yo soy Marte. Cuando miras al cielo de noche, soy el planeta rojo que brilla en la oscuridad.

Al igual que tu planeta, la Tierra, yo también doy vueltas alrededor del Sol, pero me toma mucho más tiempo. Cuando la Tierra da dos vueltas alrededor del Sol, yo solamente he dado una vuelta.

Cuando un planeta da vueltas alrededor del Sol, los científicos dicen que el planeta está orbitando al Sol.

Tu planeta, la Tierra, tiene una gran Luna. Yo tengo dos lunas más pequeñas que orbitan alrededor del Sol conmigo.

La gravedad mantiene mis lunas en su lugar. La gravedad es lo que mantiene todo en nuestro sistema solar moviéndose juntos y evita que las cosas se alejen.

Hay ocho planetas en nuestro sistema solar que orbitan alrededor del Sol. Soy el cuarto planeta que está más lejos del Sol, así que hace mucho frío en mi superficie.

Estoy lejos de tu planeta, así que los científicos me estudian a través de telescopios, naves espaciales y vehículos robóticos.

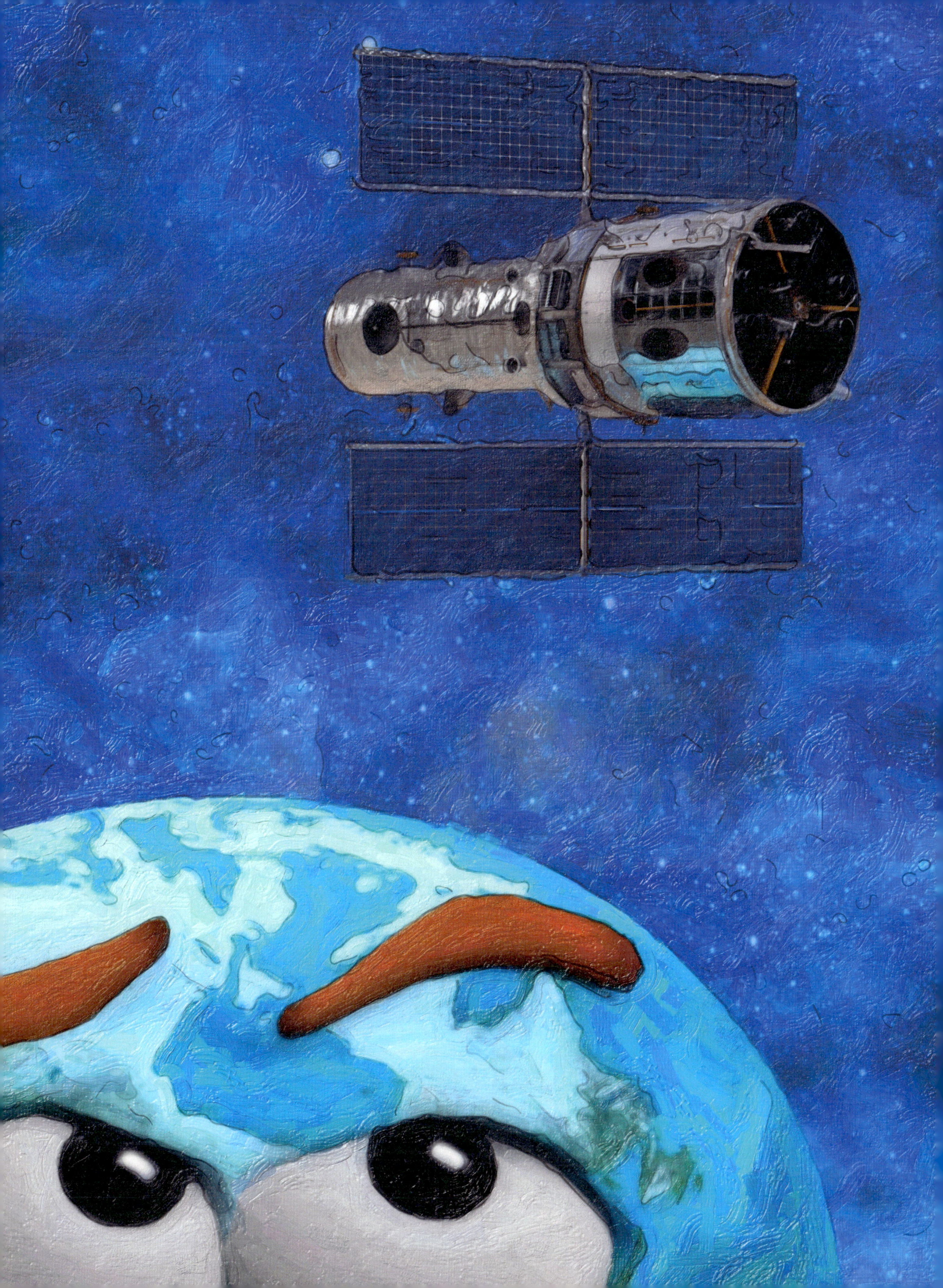

De todos los otros planetas de nuestro sistema solar, soy yo, Marte, el que tiene la montaña más alta. Los científicos lo llaman el Monte Olimpo. Es tres veces más alta que la montaña más alta de la Tierra.

También tengo el cañón más grande del sistema solar en lo profundo de mi superficie. Los científicos lo llaman Valles Marineris.

Gran parte de mi suelo parece un desierto vacío cubierto de muchas rocas y arena roja. A veces el viento soplará y causará tormentas súper grandes que hacen que el polvo se mueva en todas las direcciones.

Los científicos han enviado naves espaciales y vehículos para explorar mi superficie, pero aún no ha habido ninguna persona que me haya visitado.

Una nave espacial tardaría unos seis meses en llegar a mí. ¡Eso es medio año! Algunas naves espaciales solo pasan volando. Otros me miran desde el cielo. Se llaman orbitadores.

Cuando una nave espacial aterriza en mi superficie y permanece en un lugar, se llama módulo de aterrizaje. Incluso hay vehículos robóticos que vagan por mi superficie. Se llaman Exploradores.

La nave espacial y los exploradores tienen diferentes trabajos: tomar fotografías, estudiar el suelo y excavar en mi tierra. Toda la información que reúnen es enviada de vuelta a los científicos, ¡para que puedan aprender más sobre mí!

De todas las naves espaciales que me han estado observando desde arriba y los exploradores que viajan por mi superficie, ninguno de ellos ha visto nunca señales de que haya vida en mí. No hay plantas, animales o personas.

Los científicos están trabajando en una misión para enviar gente a mi superficie, pero no es un viaje fácil.

Tendrá que construirse una nave espacial que pueda viajar largas distancias para llegar a mí, y tendrá que ser lo suficientemente grande como para transportar todo lo que la gente necesita para sobrevivir mientras me visitan.

No hay ningún tipo de comida en mí, así que es muy importante que traigan lo suficiente para comer.

Los científicos han visto que poseo agua, pero para la gente que me va a visitar, tendrá que asegurarse de traer suficiente agua para todo el viaje.

Será necesario crear un traje espacial para proteger a las personas del frío y de otros peligros. No hay aire para respirar en el espacio o en mi superficie, así que los viajeros espaciales tendrán que producir su propio aire para respirar.

MERCURY

Algunos científicos creen que un día, la gente podría vivir en mi superficie. ¿Te gustaría visitarme?

¿Qué es lo que la gente que viaja a Marte necesitará traer?

¿Cómo crees que se verá un traje espacial para explorar Marte?

¿Puedes hacer un dibujo de cómo crees que se verá una nave espacial que pueda viajar a Marte?

¿Puedes dibujar una estación espacial?

MIRA TAMBIÉN ESTOS OTROS LIBROS DE HOUSE OF LORE

Made in the USA
Monee, IL
30 April 2026

49238856R10029